# Low Carb ohne Fleisch

Inhaltsverzeichnis

## Low Carb ohne Fleisch - Eine Ernährung für Körper und Geist

Heutzutage liegt es im Trend, dass man sich gesund und bewusst ernährt. Das fördert nicht nur die Gesundheit, auch für die Psyche spielt die Ernährung eine wichtige Rolle. Besonders beliebt ist die Low Carb ohne Fleische Ernährung, die eine geringe Zufuhr von Kohlenhydraten in Kombination mit veganer Lebensweise verbindet. Durch den Verzicht auf Fleisch und weniger Kohlenhydrate verbessert sich nicht nur der gesundheitliche Zustand des Körpers. Auch das Gewicht wird reduziert, so dass man sich aktiver und sportlicher fühlt. Des Weiteren leistet man auch einen Beitrag für die Umwelt, wenn man auf Fleisch verzichtet. Dies dient nicht nur dem Tierschutz, sondern reduziert auch den CO2 Gehalt, der für die Klimaerwärmung verantwortlich ist.

## 1. Welche Menüs passend zu einer Ernährung, die Low Carb ohne Fleisch ist?

Sicherlich hast du dich schon gefragt, welche Lebensmittel besonders geeignet sind, um eine Low Carb ohne Fleische Ernährung durchführen zu können. Besonders geeignet ist Gemüse, da es nur wenig Kohlenhydrate aufweist. Dazu zählen beispielsweise Möhren, Lauch, Gurken oder Tomaten. Besonders letztere haben viel Wasser und vergleichsweise wenig Kohlenhydrate. Getreide und Getreideprodukte wie Nudel oder Brot sind weniger geeignet. Aber auch Reis, Gebäck und Süßigkeiten aller Art sollten nicht zum Ernährungsplan gehören, der Low Carb ohne Fleisch betrieben wird. Ferner ist es wichtig, dass man möglichst auf Obst verzichtet. Zwar hat Obst viele wichtige Vitamine und Spurenelemente, jedoch auch viele Kohlenhydrate, die in Zucker umgewandelt werden. Besonders Bananen, Orangen und Trauben sind reicht an Kohlenhydraten, bedingt durch den hohen Gehalt an Fruchtzucker. Deshalb solltest du Obst nur in Maßen essen, wenn du auf eine Low Carb ohne Fleische Ernährung viel Wert legst. Eine vegetarische Ernährung beinhaltet nicht den kompletten Verzicht auf tierische Produkte. So kannst du Eier und Milchprodukte essen, wenn sie nicht zu fetthaltig sind. Besonders ein Joghurt eignet sich am Abend, um satt zu werden. Aber auch Quark ist ein guter Sattmacher, der viel Eiweiß enthält.

## 2. Welche gesundheitlichen Vorteile hat eine Low Carb ohne Fleische Ernährung?

Wenn du auf Kohlenhydrate fast verzichtest und auch kein Fleisch mehr ist, wird sich deine Gesundheit in kürzester Zeit verbessert. Nicht nur dein Blutzuckerspiegel wird sich normalisieren, auch Arterien werden nicht mehr durch tierische Fette blockiert. Ferner vermindert sich das Risiko auf typische Zivilisationskrankheiten. Dazu zählen Diabetes, Bluthochdruck, aber auch Krankheiten, die das Herz-Kreislauf-System belasten. So verlängerst du dein Leben und fühlst dich wieder Wohl in deiner Haut. Der Verzicht auf Fleisch ist aber auch eine Lebenseinstellung. So kannst du damit Tieren helfen, die in der Massentierhaltung schlecht versorgt werden. Außerdem leistet man einen Beitrag für den Klimaschutz. Eine Low Carb ohne Fleische Ernährung reduziert aber auch das Gewicht insgesamt. Damit kannst du dir Kleider kaufen, die figurbetont sind. Auch Kleidung, die mehrere Nummern kleiner ist, wirst du bald schnell finden.

## 3. Wie kann man eine Low Carb ohne Fleische Ernährung am besten durchhalten?

Eine Ernährungsumstellung ist nie leicht. Besonders das Dranbleiben an einer umgestellten Ernährung gestaltet sich schwierig, da man gerne in alte Muster verfällt. Besonders hilfreich sind Menschen, die einen bei einer Low Carb ohne Fleischen Ernährung unterstützen. Dazu zählen, der Partner, Freunde auch Mitglieder der Familie. Auch gemeinsam lässt sich diese Ernährungsweise bewerkstelligen. so können du und dein Partner besser den Inhalt dieser speziellen Ernährungsform kontrollieren und mit etwas Spaß stellt sich die Ernährung mit der Zeit ganz automatisch ein. Darüber hinaus fällt die Ernährung dann leichter, wenn man such gegenseitig motiviert. So kann auch dein Partner von der Ernährung mit wenig Kohlenhydraten profitieren, indem er Gewicht verliert.

## 4. Wie soll man eine Low Carb ohne Fleische Ernährung in den Alltag einplanen?

Damit die Low Carb ohne Fleische Ernährung ein fester Bestandteil deines Alltags wird, solltest du genau planen, wann du was isst. Am besten machst du dir schon einen Tag zuvor Gedanken, wie du die Ernährung am nächsten Tag gestalten möchtest. So läufst du nicht Gefahr, etwas schnell zu essen, dass nicht mit der Low Carb ohne Fleischen Ernährung vereinbar ist. Am besten schreibst du dir auf, was du gerne Kochen möchtest. Eine Zutatenliste ist dabei von Vorteil. So kannst du die Nahrungsmittel sehen, die keine Kohlenhydrate enthalten und auch nicht zu Fleisch gehören. Schön beim Frühstück solltest du auf Obst, Wurst, Schinken und Co. verzichten. Auch zur Arbeit solltest du etwas mitnehmen, da frei von Kohlenhydraten und Fleisch ist. Vermeide dabei den Kauf von Menüs in Kantinen und andere Fertiggerichte. Bei diesen Menüs weißt du oft nicht, was drin ist. Zudem schmecken selbst gekochte Dinge besser und wesentlich frischer.

## 5. Hilft Low Carb ohne Fleische Ernährung auch mental?

Nicht nur körperlich wirst du positive Feststellungen beim Umstieg auf eine Low Carb ohne Fleische Ernährung machen. Auch geistig hat die Ernährung einen großen Einfluss auf deine Psyche. Du wirst dich mental leichter fühlen und viele Sachen anpacken können, vor denen du dich zuvor gefürchtet hast. Auch beruflich und privat wird es dir besser gehen, besonders wenn du bei der neuen Ernährung am Ball bleibst. Schnell wirst du feststellen, wie wichtig eine Low Carb ohne Fleische Ernährung für das gesamte Gefüge des Körpers ist. Schon viele Menschen vor dir konnten durch eine Umstellung der Ernährung ein positives Bild von sich selbst gewinnen. Zudem wirkt sich die positive Veränderung auch auf deinen Bekanntenkreis aus. Schnell wirst du merken, wie Verwandte und Freunde dein neues Ich bewundern werden. Die Ernährung sorgt auch für die Produktion von Endorphinen. Die Glückshormone geben dir einen zusätzlichen Schub und verbreiten gute Laune im Alltag.

## 6. Low Carb ohne Fleische Ernährung auch im Urlaub durchziehen?

Auch wenn du im Urlaub auf reisen unterwegs bist, solltest du die Low Carb ohne Fleische Ernährung nicht unterbrechen. Wenn du mit mehreren Leuten unterwegs bist, solltest ihr gemeinsam darauf achten, dass die Ernährung auch jenseits des Heimatortes erhalten bleibt. Auch wenn du im Urlaub am Buffet stehst und die reichhaltigen Angebote siehst, solltest du diese nur in Maßen wahrnehmen. Natürlich solltest du dir auch im Urlaub etwas gönnen. Dies sollte aber insgesamt die Ausnahme bleiben. Gegen ein kleines Stück Schokolade oder ein Eis an warmen Tagen spricht grundsätzlich nichts. Ebenso ist es unkritisch, wenn du einmal im Monat in einen saftigen Bürger beißt. Bei ausgewogener Ernährung kannst du das nach bestem Gewissen tun.

# Rezepte Frühstücks

## Artischockencreme

**Dauer: 30 Minuten**
**Portionen: Für zwei Personen**

**Zutaten:**

- 3 Tomaten
- 220 g Artischocken
- 1 TL Mandeln, gemahlen
- Salz und Pfeffer
- 4 Stiele Basilikum
- 2 Maiswaffel

**So wird es gemacht:**

1. Tomaten waschen, Strunk entfernen, vierteln, entkernen und in 5 mm große Würfel schneiden.
2. Artischocken waschen und abtrocknen. In 1 cm grobe Stücke schneiden. Hälfte fein pürieren.
3. Püree, Stücke und Tomatenwürfel mit Mandeln vermischen. Salzen, pfeffern und 10 Minuten ruhenlassen.
4. Basilikum waschen, abtrocknen und abzupfen. Hälfte fein hacken.
5. Creme rühren, salzen und pfeffern und auf den Waffeln verteilen. Mit Basilikum garnieren und servieren.

# Apfelbrot

**Dauer: 60 Minuten**
**Portionen: Für zwei Personen**

**Zutaten:**

- 300 g Kartoffeln
- 4 Stiele Majoran
- 1 Stange Lauch
- 1 Apfel
- 1 TL Keimöl
- Salz und Pfeffer
- 2 Scheiben Dinkelbrot

**So wird es gemacht:**

1. Kartoffel schälen und 30 Minuten in heißem Wasser garen.
2. Majoran waschen, trocknen und abzupfen. Einige Blätter beiseitelegen, den Rest fein hacken.
3. Lauch längs halbieren, waschen, putzen und in 1 cm dicke Streifen schneiden.
4. Apfel waschen, halbieren, entkernen und fein würfeln.
5. Öl in einer Pfanne erhitzen. Lauch dazugeben und zugedeckt 6 Minuten dünsten.
6. Apfelwürfel und Majoran dazugeben und 1 Minute dünsten. Mit Salz und Pfeffer abschmecken.
7. Kartoffel abgießen, pellen und durch eine Kartoffelpresse in eine Schüssel drücken.
8. Gemüse unterrühren, salzen, pfeffern und abkühlen lassen.
9. Brotscheiben mit Aufstrich bestreichen, mit Majoranblättchen garnieren und servieren.

## Low Carb Omelett mit Feta und Tomaten

Die Nährwertangaben für dieses Rezept:Kalorien: 571 kcal|Eiweiß: 37 g|Fett: 40 g|Kohlehydrate: 14 g|Alkohol: 0 g

**Dafür brauche ich:**

- 2 Tomaten
- 4 Eier
- 50g Feta
- 1 Bund Basilikum
- Salz & Pfeffer (aus der Mühle)
- Olivenöl

**Meine Zubereitung:**

1. Ich schneide die Tomaten in Würfel, wobei ich sie auch gleich mit entkerne und würze diese mit Salz und Pfeffer.
2. Dann zupfe ich von meinem Basilikum 4 bis 6 Blätter ab und lege sie beiseite. Das restliche Basilikum hacke ich grob.
3. Danach schlage ich die Eier in einer Rührschüssel auf und würze sie ebenfalls mit Salz und Pfeffer, bevor ich meine Tomatenwürfel unterhebe und kurz mit dem Ei verrühre.
4. In einer Pfanne erhitze ich etwas Olivenöl, gebe dann meine Eiermischung hinein und lasse alles für 1 bis 2 Minuten stocken.
5. Dann streue ich das Basilikum darüber, zerbrösele den Feta etwas und gebe ihn ebenfalls auf mein Omelett.
6. Nun warte ich, bis die Eiermasse des Omeletts auch oben fest geworden ist, bevor ich mein Omelett auf dem Teller anrichte und mit den Basilikumblättern garniere

## Cheese Sandwich

**Dauer: 20 Minuten**
**Portionen: Für zwei Personen**

**Zutaten:**

- 20 g Babyspinat
- ½ Avocado
- 4 Stiele Basilikum
- 4 Scheiben Vollkorn Toastbrot
- 80 g Mozzarella, gerieben
- Salz und Pfeffer
- 1 Knoblauchzehe
- 1 EL Olivenöl

**So wird es gemacht:**

1. Spinat waschen und abtrocknen.
2. Avocado waschen und in Scheiben schneiden.
3. Kräuter waschen, trocknen und fein hacken.
4. 2 Scheiben Brot nacheinander mit der Mozzarella, der Avocado und dem Spinat belegen. Sandwich mit Salz und Pfeffer würzen und mit den anderen Toastscheiben schließen.
5. Knoblauch in der Mitte zerschneiden und in der Pfanne ausreiben. Öl in dieser Pfanne erhitzen und Sandwiches darin goldbraun braten.

# Omelett

**Dauer: 60 Minuten**
**Portionen: Für eine Person**

**Zutaten:**

- 30 g Vollkornreis
- 200 g Heidelbeere
- 2 Eier
- 2 EL Milch
- 1 EL Kokosraspel
- 2 TL brauner Zucker
- Salz
- 2 TL Öl

**So wird es gemacht:**

1. Reis laut Verpackungsanleitung zubereiten. Anschließend beiseitestellen.
2. Heidelbeeren verlesen, waschen und abtrocknen.
3. Eier, Milch, Kokosraspel, Reis, Zucker und Salz miteinander vermengen.
4. Öl in einer Pfanne erhitzen. Teig portionsweise in die Pfanne geben und von beiden Seiten goldbraun anbraten.
5. Heidelbeeren auf den Omeletts verteilen.

## Pfannkuchen

**Dauer: 45 Minuten**
**Portionen: Für zwei Personen**

**Zutaten:**

- 1 EL Butter
- 2 TL Backpulver
- 150 g Mehl
- 125 g Weizen-Vollkornmehl
- 500 ml Buttermilch
- Salz
- 2 Eier
- 1 Zitrone
- 500 g Magerquark
- 6 EL Ahornsirup
- 500 g Beeren
- Rapsöl

**So wird es gemacht:**

1. Butter schmelzen und abkühlen lassen.
2. Backpulver und beide Mehle miteinander vermischen.
3. Butter, Buttermilch, Salz und Eier miteinander verquirlen. Mehlmischung nach und nach dazugeben und alles gut miteinander vermischen. 10 Minuten zugedeckt ruhenlassen.
4. Zitrone halbieren und auspressen.
5. Quark, Zitronensaft und Ahornsirup verrühren.
6. Beeren waschen, putzen und abtropfen lassen.
7. Öl in einer Pfanne erhitzen und Teig portionsweise in die Pfanne geben und von beiden Seiten goldbraun backen.
8. Pfannkuchen mit Quark bestreichen und Beeren darauf verteilen.

## Orangendrink

**Dauer: 10 Minuten**
**Portionen: Für eine Person**

**Zutaten:**

- 1 Orangen
- ½ Grapefruit
- 100 ml Möhrensaft
- 2 EL Magerquark
- ½ TL Rapsöl

**So wird es gemacht:**

1. Orange und Grapefruit auspressen. Alle Zutaten in einen Mixer geben und fein pürieren.

## Zucchiniröllchen mit Nussfüllung

**Dauer: 30 Minuten**
**Portionen: Für eine Person**

**Zutaten:**

- 1 Zucchini
- 50 g Weißbrot
- 30 g Pinienkerne
- ¼ Zitrone, Saft
- 12 Basilikumblättchen
- 3 Minzblättchen
- Salz und Pfeffer
- 1 EL Olivenöl
- Zitronenöl, zum Servieren

**So wird es gemacht:**

1. Zucchini beidseitig kappen und auf einem Hobel längs in Streifen hobeln.
2. Im Dampf eine Minute garen und anschließend auskühlen lassen.
3. Für die Füllung das Brot würfeln und mit Wasser leicht befeuchten, mit den übrigen Zutaten grob mixen und mit Salz, Pfeffer und Olivenöl abschmecken.
4. Füllung auf den Streifen verstreichen und aufrollen. Mit Zahnstochern fixieren.
5. Kalt mit Zitronenöl servieren.

# Oatmeal

**Dauer: 20 Minuten**
**Portionen: Für eine Person**

**Zutaten:**

- 50 g Haferflocken
- 200 ml Mandelmilch
- 1 Banane
- 1 Prise Zimt
- 1 Prise Backpulver
- Süßstoff
- Obst zum Belegen

**So wird es gemacht:**

1. Haferflocken mit Mandelmilch, etwas Backpulver, Zimt und einer zerdrückten Banane vermischen. Nach Bedarf mit Süßstoff abschmecken.
2. Den Teig in eine kleine Auflaufform geben.
3. Früchte nach Wahl darauflegen und etwa 15 Minuten bei 250°C backen.

# Sauerteigbrot

**Dauer: 15 Minuten**
**Portionen: Für eine Person**

**Zutaten:**

- 1 Avocado
- 1 TL Olivenöl
- Salz und Pfeffer
- 1 Banane
- 2 Roggen-Sauerteigbrot
- ½ Peperoni

**So wird es gemacht:**

1. Avocado schälen, entkernen und Fruchtfleisch würfeln.
2. Fruchtfleisch mit Öl vermischen und mit Salz und Pfeffer abschmecken.
3. Banane schälen und in Scheiben schneiden.
4. Brot in einer Pfanne ohne Öl braten. Peperoni entkernen und in feine Scheiben schneiden.
5. Avocadomasse auf den Brotscheiben verteilen und mit den Bananen belegen. Mit Peperoni garnieren.

## Avocado Frühstück

**Dauer: 10 Minuten**
**Portionen: Für eine Person**

**Zutaten:**

- 1 Avocado
- 150 g Blaubeeren
- 3 EL Haferflocken
- 1 TL Honig
- 1 EL Zitronensaft
- 1 EL Walnüsse
- Hafermilch

**So wird es gemacht:**

1. Haferflocken in Milch einweichen.
2. Avocado halbieren, entkernen und Fruchtfleisch auslöffeln.
3. Zitronensaft und Avocadofruchtfleisch in einen Mixer geben und pürieren.
4. 150 ml Milch dazugeben und wieder gut durchmixen.
5. Mit Honig abschmecken.
6. Haferflocken und Blaubeeren unterrühren.
7. Nüsse darüber verteilen.

# Eierbrot

**Dauer: 30 Minuten**
**Portionen: Für vier Personen**

**Zutaten:**

- 200 g Grünkohl
- Salz und Pfeffer
- 30 g Oliven, entkernt
- 1 Knoblauchzehe
- 2 Frühlingszwiebeln
- 1 EL Zitronensaft
- 1 EL Olivenöl
- 40 ml Gemüsebrühe
- 1 EL Pinienkerne
- 1 Avocado
- 4 Scheiben Vollkornbrot
- 2 EL Weißweinessig
- 4 Eier
- 2 EL rote Kresse
- 1 EL Schnittlauchröllchen
- 1 TL Chiasamen

**So wird es gemacht:**

1. Kohl waschen, abtrocknen und grob hacken. 5 Minuten in heißem Wasser blanchieren. Abtropfen lassen und fein hacken.
2. Oliven sehr fein hacken.
3. Knoblauch und Zwiebeln schälen, waschen und fein hacken.
4. Beides mit Kohl vermengen.
5. Zitronensaft, Öl und Brühe dazugeben und gut durchmischen. Mit Salz und Pfeffer würzen.
6. Pinienkerne ohne Fett rösten.
7. Avocado halbieren, entkernen und Fruchtfleisch auslöffeln und würfeln.
8. Brotscheiben toasten.
9. Wasser mit Salz und Essig zum Kochen bringen. Eier nacheinander in eine Suppenkelle aufschlagen und vorsichtig in den Sud gleiten lassen. 5 Minuten ziehen lassen.
10. Brotscheiben mit Avocado belegen, ein 1 Ei und die Paste darauf verteilen. Mit Pinienkernen, Kresse, Schnittlauch und Samen bestreuen.

## Dinkeljoghurt

**Dauer: 10 Minuten**
**Portionen: Für eine Person**

**Zutaten:**

- 70 g Sprossen
- 150 g Naturjoghurt
- 1 EL Rosinen, eingeweicht
- 1 Msp. Vanillepulver
- 1 Apfel
- Wasser

**So wird es gemacht:**

1. Rosinen einweichen und abtrocknen.
2. Apfel fein raspeln.
3. Alle Zutaten miteinander vermischen.

## Tofu-Pfanne

**Dauer: 25 Minuten**
**Portionen: Für zwei Personen**

**Zutaten:**

- 150 g Tofu
- 100 g Champignons
- ½ Bund Frühlingszwiebeln
- ½ TL Kurkuma
- ½ TL Petersilie
- Öl
- Salz und Pfeffer

**So wird es gemacht:**

1. Champignons waschen und vierteln.
2. Die Enden der Frühlingszwiebeln abschneiden und den Rest in Ringe schneiden.
3. Tofu zerbröseln und mit Kurkuma vermengen. Mit Salz und Pfeffer würzen.
4. Etwas Öl in einer Pfanne erhitzen und darin die Frühlingszwiebeln andünsten.
5. Tofu hinzufügen und mit anbraten.
6. Champignons hinzufügen und für weitere 3 Minuten erwärmen.
7. Das vegane Rührei auf die Teller verteilen und mit Petersilie bestreuen.

## Granatapfelmüsli

**Dauer: 15 Minuten**
**Portionen: Für zwei Personen**

**Zutaten:**

- 100 g Haferflocken
- 50 g Haferkleie
- 25 g Cashewnüsse, ungesalzen
- ½ Granatapfel
- ½ Apfel
- 200 ml Sojamilch

**So wird es gemacht:**

1. Nüsse mit einem Messer klein hacken.
2. Nüsse, Haferflocken und Kleie miteinander vermischen.
3. Apfel schälen, entkernen und vierteln. Fruchtfleisch in dünne Scheiben schneiden.
4. Granatapfel halbieren und entkernen.
5. Müsli Mischung auf zwei Schüsseln verteilen, Obst dazugeben und mit Milch füllen.

## Tomatensuppe mit Avocado

**Dauer: 30 Minuten**
**Portionen: Für eine Person**

**Zutaten:**

- 200 g Tomaten
- ½ Avocado
- 60 ml Gemüsebrühe
- ¼ rote Zwiebel
- 20 g saure Sahne
- ½ Brotscheibe

**So wird es gemacht:**

1. Tomaten in einem Topf mit Gemüsebrühe zum Kochen bringen. Mit Salz und Pfeffer würzen.
2. Zwiebeln schälen und würfeln.
3. Avocado halbieren, entkernen und fein schneiden.
4. Beides vermischen und würzen.
5. Sahne zur Suppe geben und fein pürieren.
6. Avocadomischung ebenfalls zur Suppe geben und salzen und pfeffern.

## Feine Bandnudeln

**Dauer: 30 Minuten**
**Portionen: Für eine Person**

**Zutaten:**

- 125 g Bandnudeln
- 1 Schalotte
- 10 g Butter
- 30 g Mozzarella
- 30 ml Weißwein
- 25 g Sahne
- Salz und Pfeffer

**So wird es gemacht:**

1. Nudeln nach Verpackungsanleitung zubereiten.
2. Schalotte schälen, würfeln und in einem Topf mit Butter anbraten.
3. Wein und Sahne dazugeben, würzen und köcheln lassen.
4. Mozzarella würfeln.
5. Nudeln abtropfen lassen und mit Sauce und Mozzarella zusammen in einen Topf geben. Mit Salz und Pfeffer würzen und servieren.

## Tortellini

**Dauer: 30 Minuten**
**Portionen: Für eine Person**

**Zutaten:**

- 125 g Tortellini
- 60 g Rahmspinat
- 25 g Gorgonzola
- ½ Zwiebel
- 1 EL Olivenöl
- Salz und Pfeffer

**So wird es gemacht:**

1. Tortellini nach Verpackungsanleitung zubereiten.
2. Zwiebel schälen und würfeln. Öl in einem Topf erhitzen und Zwiebeln glasig andünsten.
3. Spinat dazugeben und aufkochen lassen.
4. Gorgonzola würfeln und dazugeben. Mit Salz und Pfeffer würzen.
5. Tortellini abtropfen lassen und mit Spinat-Sauce servieren.

## Paprikasuppe

**Dauer: 30 Minuten**
**Portionen: Für eine Person**

**Zutaten:**

- ½ rote Paprika
- ½ gelbe Paprika
- 50 g Zwiebeln
- 50 g Sauerkraut
- 250 ml Gemüsebrühe
- 1 EL Öl
- 2 EL Schlagsahne
- 1 EL Weißwein
- Salz und Pfeffer

**So wird es gemacht:**

1. Paprika in Streifen schneiden. Zwiebel schälen und würfeln. Sauerkraut fein hacken.
2. Öl in einer Pfanne erhitzen und Zwiebel glasig andünsten.
3. Paprika und Sauerkraut dazugeben.
4. Brühe dazugeben und 15 Minute köcheln lassen.
5. Sahne dazugeben und aufkochen lassen.
6. Mit Salz und Pfeffer würzen.

## Möhrenpfanne

**Dauer: 30 Minuten**
**Portionen: Für eine Person**

**Zutaten:**

- 250 g Möhren
- ¼ Salatgurke
- ½ Lauchstange
- 50 ml Gemüsebrühe
- 5 g Ingwer
- 2 EL Sojaöl
- 1 TL brauner Zucker
- 2 TL Sojasauce
- Salz

**So wird es gemacht:**

1. Möhren in dünne Scheiben schneiden. Gurke würfeln. Lauch in Streifen schneiden. Ingwer würfeln.
2. Öl in einer Pfanne erhitzen und Möhren anbraten.
3. Gurken und Ingwer dazugeben und kurz aufkochen lassen.
4. Mit Gemüsebrühe und Lauch ablöschen und wieder aufkochen lassen.
5. Sojasauce und Zucker dazugeben und salzen.

## Tofu mit Gurken

**Dauer: 20 Minuten**
**Portionen: Für eine Person**

**Zutaten:**

- 100 g Tofu
- 200 g Gurken
- ¼ Zwiebel
- 50 ml Gemüsebrühe
- 1 EL Tomatenmark
- ¼ Bund Petersilie
- 2 EL Öl
- Salz und Pfeffer

**So wird es gemacht:**

1. Zwiebel schälen und würfeln.
2. Gurken in Scheiben schneiden.
3. Öl in einer Pfanne erhitzen und Zwiebel glasig andünsten.
4. Gurken dazugeben und aufkochen lassen.
5. Mit Gemüsebrühe ablöschen und mit Tomatenmark garnieren. Mit Salz und Pfeffer würzen.
6. 10 Minuten zugedeckt köcheln lassen.
7. Petersilie grob hacken und dazugeben. Wieder würzen.
8. Tofu mit Gurken servieren.

# Guacanol-Röstzwiebel-Burger

**Dauer: 25 Minuten**
**Portionen: Für vier Personen**

**Zutaten:**

- 4 Brötchen
- 4 Burger Patties, vegan
- 1 Avocado
- 2 Knoblauchzehe
- 1 Limette
- 1 Chilischote
- 1 Packung Röstzwiebeln
- 1 Tomate
- 1 Paprikaschote
- 1 Gurke
- 1 Handvoll Salatblätter
- Salz und Pfeffer

**So wird es gemacht:**

1. Avocado halbieren, mit Löffel aushölen und Fruchtfleisch mit Gabel in einer kleinen Schale zerdrücken.
2. Die Limette auspressen und den Saft mit der zerdrückten Avocado verrühren.
3. Knoblauchzehen mit der Knoblauchpresse dazu pressen.
4. Nach Geschmack gewaschene Chili zerkleinern und zur Guacamole geben.
5. Mit Salz und Pfeffer abschmecken.
6. Patties in einer Pfanne oder auf dem Grill zubereiten.
7. Salat, Gurke, Tomate und Paprika waschen. Gurke und Tomate in Scheiben und Paprika in Ringe schneiden.
8. Brötchenhälften mit Guacamole bestreichen. Untere Hälfte dünn mit Salatblättern belegen. Patty auf das Salatbett legen, mit Ketchup und Senf einstreichen und Röstzwiebeln drüberstreuen. Salatblätter, Tomate, Paprika und Gurke auf Röstzwiebeln drapieren und obere Brötchenhälfte drauflegen.

## Auberginen Burger

**Dauer: 90 Minuten**
**Portionen: Für vier Personen**

**Zutaten:**

- Für die Bratlinge:
- 500 g Aubergine
- 200 ml Gemüsebrühe
- 100 g Couscous
- 150 g rote Linsen
- 40 g Vollkornmehl
- ½ Bund Petersilie
- 1 Knoblauchzehe
- ½ Chilischote
- ½ TL Kreuzkümmel
- ½ TL Paprikapulver
- Salz und Pfeffer
- Für die Burger-Sauce:
- 5 EL Mayonnaise
- 1 Essiggurke
- 1 Schalotte
- 1 TL Essiggurkenwasser
- 1 TL weißer Zucker
- Salz und Cayennepfeffer
- Außerdem:
- ¼ Eisbergsalat
- 1 rote Spitzpaprika
- 1 rote Zwiebel
- 2 EL Rapsöl

- 4 Burgerbrötchen

**So wird es gemacht:**
**Für die Bratlinge:**

1. Die Aubergine mit einer Gabel einstechen und im Ofen bei 200°C für 40 Minuten backen.
2. Gemüsebrühe aufkochen und Couscous einrühren. Vom Herd nehmen und mit einer Gabel auflockern.
3. Linsen in gesalzenem Wasser weichkochen.
4. Knoblauch und Petersilie fein hacken.
5. Chilischote entkernen und klein schneiden.
6. Aubergine halbieren und Fruchtfleisch entfernen.
7. Aubergine, Linsen, Kreuzkümmel, Petersilie, Knoblauch, Paprikapulver und Chili in einen Mixer geben und fein pürieren.
8. Couscous und Püree miteinander vermengen und mit Salz und Pfeffer abschmecken. 10 Minuten zugedeckt ziehen lassen.
9. Bratlinge formen und auf einer Grillrostplatte von beiden Seiten 4 Minuten grillen.

**Für die Burger-Sauce:**

1. Essiggurken und Schalotte fein hacken. Beides mit der Mayonnaise verrühren. Mit Gurkenwasser, Zucker, Salz und Cayennepfeffer abschmecken.
2. Eisbergsalat in Streifen Paprika in Scheiben und Zwiebel in Ringe schneiden.

3. Brötchen halbieren und auf dem Grill kurz rösten.
4. Auf den unteren Hälften Salat verteilen. Bratlinge drauflegen und mit Paprika und Zwiebeln belegen. Sauce verteilen und obere Hälfte drauflegen.

## Spaghetti Carbonara

**Dauer: 30 Minuten**
**Portionen: Für eine Person**

**Zutaten:**

- 125 g Spaghetti
- 50 g veganer Speck
- 50 g Parmesan, gerieben
- 1 Ei
- 1 EL Butter
- 1 Petersilie, gehackt
- 1 TL Muskat, gerieben
- Salz und Pfeffer

**So wird es gemacht:**

1. Nudeln nach Verpackungsanleitung zubereiten.
2. Veganen Speck würfeln. Öl in einer Pfanne erhitzen und Speck anbraten.
3. Ei verquirlen und mit Parmesan verrühren. Mit Muskat und Pfeffer würzen.
4. Nudeln abtropfen lassen und in die Pfanne geben.
5. Parmesan dazugeben und weiter köcheln lassen.
6. Auf Teller anrichten, mit Petersilie bestreuen und servieren.

## Linsen mit Avocado

**Dauer: 25 Minuten**
**Portionen: Für eine Person**

**Zutaten:**

- 1 Avocado
- 100 ml Gemüsebrühe
- 50 g rote Linsen
- ¼ Limette
- 1 EL Olivenöl
- 1 EL Balsamico
- Salz und Pfeffer

**So wird es gemacht:**

1. Gemüsebrühe in einen Topf geben und kurz köcheln lassen.
2. Linsen dazugeben und zugedeckt 5 Minuten köcheln lassen.
3. Avocado schälen, halbieren, entkernen und Fruchtfleisch in Scheiben schneiden.
4. Limette auspressen und Saft in den Topf geben. Mit Salz und Pfeffer würzen.
5. Linsen mit Avocado auf Teller anrichten und mit Olivenöl und Balsamico beträufeln. Mit Salz und Pfeffer abschmecken.

## Geschmorter Kürbis mit Salbei

**Dauer: 50 Minuten**
**Portionen: Für vier Personen**

**Zutaten:**

- 500 g Hokkaido Kürbis Fruchtfleisch
- ½ Bund Salbei
- 2 Knoblauchzehen
- 1 Zitrone
- Salz und Pfeffer
- Chilischote
- 2 ½ EL Olivenöl
- 200 ml Gemüsebrühe
- 100 g Couscous
- ½ Bund Petersilie
- 250 g Tomaten

**So wird es gemacht:**

1. Ofen auf 180°C vorheizen.
2. Kürbis waschen, entkernen und in 2 cm dicke Spalten schneiden.
3. Salbei waschen, trocknen und abzupfen.
4. Knoblauch schälen und in Scheiben schneiden.
5. Zitrone halbieren und auspressen.
6. Kürbis, Salbei, Knoblauch in eine Form geben. Mit Salz, Chili und Pfeffer würzen.
7. 2 EL Öl und 2 EL Zitronensaft verquirlen und drüber träufeln.
8. Kürbis 30 Minuten in den Ofen geben.
9. Währenddessen Brühe in einem Topf aufkochen. Couscous nach Packungsanleitung zubereiten.
10. Petersilie waschen, trocknen und fein hacken.
11. Tomaten waschen, Strunk entfernen und würfeln.
12. Petersilie, restliche Zitronensaft und Öl in den Couscous geben und mischen. Mit Salz und Pfeffer abschmecken. Tomatenwürfel untermischen.
13. Geschmorten Kürbis mit Couscous anrichten.

# Käseklößchen

**Dauer: 20 Minuten**
**Portionen: Für zwei Personen**

**Zutaten:**

- 200 g Kartoffelteig
- 20 g Emmentaler
- 100 g Bohnenkerne
- ½ Bund Schnittlauch
- ½ rote Zwiebel
- 1 EL Butter
- 50 g Sahne
- Salz und Pfeffer

**So wird es gemacht:**

1. Schnittlauch fein hacken und mit Kartoffelteig vermengen.
2. Käse würfeln, zum Teig geben und vermengen. Anschließend kleine Klößchen formen.
3. Kugeln 10 Minuten im Salzwasser kochen.
4. Zwiebel schälen, in feine Streifen schneiden und in einer Pfanne glasig andünsten. Bohnen und Sahne dazugeben und mit Salz und Pfeffer würzen.
5. Klößchen mit Pfannenmischung servieren.

## Ragout

**Dauer: 30 Minuten**
**Portionen: Für zwei Personen**

**Zutaten:**

- 200 g Hokkaido-Kürbis
- 70 g Kichererbsen
- 50 ml Gemüsebrühe
- ½ Zwiebel
- ½ Knoblauchzehe
- 1 EL Öl
- 2 TL Currypulver
- Salz und Pfeffer

**So wird es gemacht:**

1. Kürbis würfeln. Zwiebel in Ringe schneiden. Knoblauch grob hacken.
2. Öl in einer Pfanne erhitzen und Zwiebel und Knoblauch glasig andünsten.
3. Kürbis dazugeben und mit Currypulver würzen. Mit Gemüsebrühe ablöschen.
4. Anschließend Erbsen dazugeben.
5. Mit Salz und Pfeffer abschmecken und 10 Minuten köcheln lassen.

# Champignonsuppe

**Dauer: 30 Minuten**
**Portionen: Für zwei Personen**

**Zutaten:**

- 150 g Champignons
- 250 ml Gemüsebrühe
- 1 Schalotte
- 1 EL Olivenöl
- 50 g Schmelzkäse
- 1 EL Kerbel, gehackt
- Salz und Pfeffer

**So wird es gemacht:**

1. Champignons fein schneiden. Schalotte würfeln. Beides in einem Topf anbraten.
2. Gemüsebrühe dazugeben und 10 Minuten köcheln lassen.
3. Käse dazugeben und weiter köcheln lassen.
4. Wenn der Käse flüssig geworden ist, Kerbel dazugeben und mit Salz und Pfeffer abschmecken.

## Vegetarisches Carpaccio

**Dauer: 20 Minuten**
**Portionen: Für eine Person**

**Zutaten:**

- 100 g Austernpilze
- 1 Avocado
- 1 Tomate
- ¼ Zwiebel
- ¼ Knoblauchzehe
- 2 Stängel Basilikum
- 1 TL Limettensaft
- 2 EL Olivenöl
- Salz und Pfeffer

**So wird es gemacht:**

1. Tomate waschen, Strunk entfernen und würfeln.
2. Tomatenwürfel, 1 EL Olivenöl und Limettensaft miteinander vermischen. Salzen und pfeffern.
3. Avocado schälen und in Scheiben schneiden.
4. Tomatenmischung auf den Scheiben verteilen.
5. Pilze waschen und vierteln.
6. Zwiebel und Knoblauch schälen und fein hacken. Öl in einer Pfanne erhitzen und beides glasig andünsten. Pilze dazugeben und mit Salz und Pfeffer würzen.
7. Zwiebelmischung auf einem Teller verteilen und servieren.

## Süßkartoffel

**Dauer: 70 Minuten**
**Portionen: Für eine Person**

**Zutaten:**

- 1 EL Öl
- 1 TL Ingwer, gerieben
- 2 Knoblauchzehen
- 1 roter Chili, entkernt und fein gehackt
- 1 TL Chilipulver
- 1 TL Kurkuma
- 1 TL Kreuzkümmel
- 250 g Süßkartoffel, gewürfelt
- 400 ml Kokosmilch
- 1 Dose gehackte Tomaten
- 8 dl Wasser
- 85 g Quinoa
- 90 g braune Linsen
- Salz
- 4 EL Kokosmilchjoghurt
- Bund Koriander, zerzupft

**So wird es gemacht:**

1. Öl in einer Pfanne erhitzen und Ingwer, Chili, Knoblauch und Gewürze andünsten.
2. Süßkartoffel in die Pfanne geben und 2 Minuten mit garen.
3. Anschließend Tomaten, Kokosmilch und Wasser beimischen und 15 Minuten köcheln lassen.
4. Daraufhin Linsen und Quinoa dazugeben und 30 Minuten köcheln lassen. Mit Salz abschmecken.
5. Curry mit Joghurt und Koriander anrichten.

## Couscous alla Verdura

**Dauer: 20 Minuten**
**Portionen: Für eine Person**

**Zutaten:**

- 150 g Couscous
- 3 dl Wasser, siedend
- ½ TL Salz
- 75 ml Pesto alle verdure (Gemüsepesto)
- Koriander
- Minze

**So wird es gemacht:**

1. Couscous in eine Schüssel geben, anschließend mit Wasser übergießen und salzen.
2. 15 Minuten zugedeckt ruhenlassen.
3. Auf einem Teller verteilen und Pesto drüber streuen.
4. Mit Koriander und Minze garnieren.

# Honigschnecken

**Dauer: 30 Minuten**
**Portionen: Für eine Person**

**Zutaten:**

- 100 g Blätterteig
- 2 EL Honig
- 2 EL Mandeln
- 1 EL Puderzucker

**So wird es gemacht:**

1. Ofen auf 200°C vorheizen.
2. Blätterteig ausrollen, mit Honig bestreichen und die Mandeln darauf verteilen.
3. Blätterteig von beiden Seiten aufrollen und in Scheiben schneiden.
4. Schnecken auf Backblech verteilen und für 20 Minuten in den Ofen geben.

## Nudelpfanne

**Dauer: 30 Minuten**
**Portionen: Für eine Person**

**Zutaten:**

- 100 g Penne
- ½ Zwiebel
- ½ Paprikaschote
- 1 EL Olivenöl
- 50 g Champignon
- 50 g Creme fraiche
- 50 ml Milch
- Basilikumblätter
- Salz und Pfeffer

**So wird es gemacht:**

1. Penne nach Verpackungsanleitung zubereiten.
2. Paprika längs halbieren, entkernen und würfeln.
3. Zwiebeln schälen und würfeln.
4. Öl in einer Pfanne erhitzen und Zwiebel glasig andünsten.
5. Paprika dazugeben und andünsten.
6. Champignons dazugeben und kurz kochen lassen.
7. Creme Fraîche mit Milch vermischen und in die Pfanne geben.
8. Nudeln abtropfen lassen und unter die Gemüsepfanne mischen.
9. Mit Salz und Pfeffer würzen.

## Gemüse Tortellini

**Dauer: 30 Minuten**
**Portionen: Für eine Person**

**Zutaten:**

- 125 g Tortellini
- ½ Bund Frühlingszwiebel
- 10 g Butter
- 30 g Schlagsahne
- 60 g Zuckerschoten
- 4 Cocktailtomaten
- 25 g Gorgonzola
- Salz und Pfeffer

**So wird es gemacht:**

1. Tortellini nach Verpackungsanleitung zubereiten.
2. Zwiebeln schälen und fein hacken.
3. Öl in einer Pfanne erhitzen und Zwiebeln glasig andünsten.
4. Sahne dazugeben und würzen.
5. Zuckerschoten fein schneiden.
6. In die Pfanne geben und 3 Minuten köcheln lassen.
7. Tomaten und Gorgonzola klein schneiden, in die Pfanne geben und würzen.
8. Tortellini abtropfen lassen und mit Gemüse servieren.

## Schwarzer Reis

**Dauer: 40 Minuten**
**Portionen: Für zwei Personen**

**Zutaten:**

- 250 g schwarzer Reis, gekocht
- 500 g Pilze
- Butterflocken
- 1 Zwiebel
- 1 EL Butter
- 1 EL Weißwein
- 1 TL Maizena
- 2 EL Saucen-Rahm
- 1 TL Gemüsebouillon
- Salz und Pfeffer
- 1/3 Bund Petersilie

**So wird es gemacht:**

1. Reis 30 Minuten in Salzwasser kochen. Anschließend abtropfen lassen. Reis zurück in die Pfanne geben und Butter darunter mischen. Pfanne zugedeckt ruhenlassen.
2. Zwiebeln zerhacken und Pilze in feine Scheiben schneiden.
3. Butter in einer Pfanne erhitzen und Zwiebeln und Pilze darin andünsten.
4. Wein dazugeben und zur Hälfte einkochen lassen.
5. Maizena mit Rahm und Bouillon verrühren. Nun unter Rühren zu den Pilzen geben und aufkochen.
6. 3 Minuten kochen lassen und anschließend würzen.
7. Die Pilzsauce mit dem Reis anrichten und mit geschnittener Petersilie garnieren.

# Thunfisch-Baguette

**Dauer: 15 Minuten**
**Portionen: Für zwei Personen**

**Zutaten:**

- 2 Baguette
- 1 Dose Jackfrucht
- 100 g Kichererbsen, gekocht
- 4 g Algen
- 1 Schalotte
- 1 Essiggurke
- 75 g Sojaquark
- 1 TL Senf
- 2 TL Sojasauce
- 2 EL Mayonnaise, vegan
- 1 TL Salz
- ½ TL Pfeffer
- ½ TL Dill
- Gurke, Tomate, Salat, nach Wunsch

**So wird es gemacht:**

1. Baguettes seitlich aufschneiden.
2. Jackfruit abtropfen lassen und mit den Kichererbsen in eine Schüssel geben. Beides mit einem Kartoffelstampfer zerdrücken.
3. Die Schalotte schälen und wie die Essiggurke in feine Würfel schneiden. Beides mit den restlichen Zutaten in die Schüssel geben und gut vermengen.
4. Die Baguettes mit Salat, Tomate, Gurke, Zwiebeln, etc. nach Geschmack belegen und die Masse einfüllen.

# Tacos

**Dauer: 15 Minuten**
**Portionen: Für eine Personen**

**Zutaten:**

- 2 Tortillas
- 200 g schwarze Bohnen
- 100 ml Salsa
- ½ TL Kreuzkümmelpulver
- Salz und Pfeffer
- Für den Dip:
- ½ Avocado
- ½ Knoblauchzehe
- 2 EL Olivenöl
- 2 EL Zitronensaft
- 1 TL Agavendicksaft
- ¼ Bund Koriander
- 1 Prise Salz

**So wird es gemacht:**

1. Die Bohnen abgießen, abspülen und abtropfen lassen.
2. Öl in einer Pfanne erhitzen.
3. Bohnen, Salsa und Kreuzkümmelpulver hinzugeben und alles anbraten. Mit Salz und Pfeffer abschmecken.
4. Die Bohnen mit einem Stampfer leicht zerdrücken.
5. Alle Zutaten für den Dip in einen Mixer geben, gut durchmixen und beiseite stellen.
6. Die Tortillas kurz in einer Pfanne ohne Fett erwärmen.
7. Die Bohnenmasse auf die Tortillas verteilen und mit der Sauce beträufeln.
8. Die Tortillas unten umklappen, von der Seite aufrollen und servieren.

# Pilzlasagne

**Dauer: 100 Minuten**
**Portionen: Für vier Personen**

**Zutaten:**

- 400 g Champignons
- 400 g Shiitake Pilze
- 200 g Steinpilze
- 1 Gemüsezwiebel
- 1 Knoblauchzehe
- 150 g Möhren
- 200 g Staudensellerie
- 6 EL Olivenöl
- 1 EL Tomatenmark
- 200 ml Weißwein
- 2 Dosen Tomaten
- 5 Stiele Thymian
- 5 Stiele Oregano
- 1 TL Paprikapulver
- Salz, Pfeffer und Zucker
- 50 g Butter
- 50 g Mehl
- 700 ml Milch
- Muskat
- 100 g Hartkäse
- 12 Lasagne Platten

**So wird es gemacht:**

1. Beide Pilzarten waschen. Shiitake-Pilze vom Strunk entfernen. Pilze fein hacken.
2. Gemüsezwiebel und Knoblauch fein würfeln.
3. Möhren schälen und würfeln.
4. Staudensellerie waschen und fein würfeln.
5. 3 EL Öl in einer großen Pfanne erhitzen, die Hälfte der Pilze darin scharf anbraten und in einen großen Topf geben.
6. Restliches Öl in der Pfanne erhitzen, restliche Pilze mit Zwiebeln und Knoblauch scharf anbraten.
7. Möhren und Sellerie zugeben und weitere 5-6 Minuten bei starker Hitze braten.
8. Tomatenmark unterrühren, kurz mitbraten und mit Weißwein ablöschen.
9. Pilz-Gemüse-Mischung und Tomaten zu den angebratenen Pilzen in den Topf geben.
10. Thymian- und Oreganoblättchen von den Stielen zupfen und zugeben.
11. Mit Paprika, Salz, Pfeffer und Zucker würzen und offen bei mittlerer Hitze in 25-30 Minuten sämig einkochen lassen.

**Für die Béchamel:**

1. Butter in einem Topf zerlassen.
2. Mehl mit einem Schneebesen einrühren und glatt rühren.

3. Milch unter Rühren zugießen und offen bei milder Hitze leicht sämig einkochen, dabei öfters umrühren.
4. Sauce mit Salz und Muskat würzen. Am Ende der Garzeit 50 g Hartkäse unterrühren.
5. Auflaufform mit Butter einfetten. Etwas Béchamel auf dem Boden der Form verstreichen.
6. Abwechselnd Lasagne-Platten, insgesamt 40 g Hartkäse und die Pilz-Bolognese in die Form schichten und mit einer Schicht Béchamel abschließen.
7. Lasagne im Ofen bei 180°C für 35 Minuten garen.
8. Nach 20 Minuten restlichen Käse darüber streuen und goldbraun backen.

## Zucchini-Buletten

**Dauer: 40 Minuten**
**Portionen: Für zwei Personen**

**Zutaten:**

- 250 g Zucchini
- Salz und Pfeffer
- 1 Zwiebel
- 2 EL Öl
- ½ Thymian
- 1 EL Mehl
- 3 EL Semmelbrösel
- 20 g italienische Hartkäse
- 1 Ei

**So wird es gemacht:**

1. Zucchini fein raspeln und mit Salz würzen. Beiseitestellen.
2. Zwiebel schälen und fein würfeln.
3. Öl in einer Pfanne erhitzen und Zwiebeln glasig andünsten.
4. Zucchini, Zwiebelwürfel, Thymian, Mehl, Semmelbrösel, Parmesan und Ei gut mischen. Mit Salz und Pfeffer würzen. 6 Buletten formen.
5. Restliches Öl in einer Pfanne erhitzen und Buletten goldbraun von beiden Seiten anbraten.

## Marinierter Tofu

**Dauer: 15 Minuten**
**Portionen: Für vier Personen**

**Zutaten:**

- 400 g Tofu
- 1 Frühlingszwiebel
- 5 EL Mirin
- 5 EL Sojasauce
- ½ Zitrone, abgerieben
- Pfeffer
- 3 EL Öl

**So wird es gemacht:**

1. Tofu in drei gleichgroße Stücke schneiden.
2. Frühlingszwiebel in dünne Scheiben schneiden.
3. Mirin und Sojasauce miteinander verrühren.
4. Abgeriebene Zitronenschale und Zwiebeln untermischen und mit Pfeffer würzen.
5. Tofu in die Marinade geben und über Nacht ziehen lassen.
6. Tofu abtropfen lassen und Marinade aufheben.
7. Öl in einer Pfanne erhitzen und Tofu 10 Minuten goldbraun anbraten.
8. Marinade dazugeben und einkochen lassen.
9. Tofu in Scheiben schneiden und auf Salat anrichten.

## Tomatenpizza

**Dauer: 40 Minuten**
**Portionen: Für vier Personen**

**Zutaten:**

- 1 Kilo Pizzateig
- 10 Stiele Thymian
- 3 Knoblauchzehen
- 2 Zwiebeln
- 600 g Tomaten
- Salz und Pfeffer
- 60 g Oliven, entkernt
- 4 EL Olivenöl

**So wird es gemacht:**

1. Pizzateig entrollen und auf dem Backpapier auf ein Backblech legen.
2. Thymianblättchen abzupfen.
3. Knoblauch fein hacken.
4. Zwiebeln in feine Ringe hobeln oder schneiden.
5. Tomaten quer in 1 cm dicke Scheiben schneiden. Tomaten auf dem Teig verteilen.
6. Mit Pfeffer würzen und mit Thymian und Knoblauch bestreuen.
7. Zwiebelringe darüber streuen.
8. Oliven darauf verteilen.
9. Pizza mit Oilvenöl beträufeln.
10. Pizza im heißen Ofen bei 250 Grad auf der untersten Schiene 15 Min. backen. Tomaten erst nach dem Backen salzen.

## Spinat-Kichererbsen-Gericht

**Dauer: 30 Minuten**
**Portionen: Für vier Personen**

**Zutaten:**

- 1 Packung Blattspinat, tiefgekühlt
- 2 Zwiebeln
- 2 Knoblauchzehen
- 2 Tomaten
- 1 Dose Kichererbsen
- 1 Stück Ingwer
- 1 Dose Kokosmilch
- 2 EL Kokosöl
- ½ TL Salz
- ½ TL Paprikapulver
- ½ TL Kurkumapulver
- ½ TL Korianderblätter
- Chiliflocken

**So wird es gemacht:**

1. Blattspinat auftauen und das Wasser abgießen.
2. Die Zwiebel, den Knoblauch und den Ingwer schälen.
3. Die Tomaten am Stielansatz anschneiden, mit heißem Wasser angießen und nach kurzer Zeit die Schale abziehen.
4. Die Zwiebel und die Tomaten in Würfel schneiden, Knoblauch und Ingwer sehr fein hacken.
5. In einer Pfanne das Kokosöl erhitzen, Zwiebel, Knoblauch und Ingwer hineingeben und glasig dünsten.
6. Spinat, Tomaten und Kokosmilch hineingeben, würzen, einmal gut umrühren und zudecken.
7. Für 10 Minuten schmoren lassen.
8. Zum Schluss die Kichererbsen dazugeben, verrühren und kurz ziehen lassen.
9. Mit Chiliflocken bestreut servieren.

# Tomaten-Champignon-Soße

**Dauer: 10 Minuten**
**Portionen: Für vier Personen**

**Zutaten:**

- 400 g Tomaten
- 200 g Champignons
- 300 ml Gemüsebrühe
- 6 EL Tomatenmark
- Chilipulver
- Salz und Pfeffer

**So wird es gemacht:**

1. Die Pilze in Scheiben schneiden und in die heiße Gemüsebrühe geben.
2. Die Tomaten in Würfel schneiden und zu den Pilzen geben.
3. Alles zum Kochen bringen.
4. Das Tomatenmark einrühren und kochen, bis die Soße dickflüssig wird.
5. Mit Salz, Pfeffer und Chilipulver abschmecken.
6. Zu Nudeln oder Reis servieren.

## Grillgemüse mit Hummus

**Dauer: 30 Minuten**
**Portionen: Für zwei Personen**

**Zutaten:**

- 300 g Aubergine
- 150 g Paprika
- 100 g Kirschtomaten
- 200 g Kichererbsen
- 150 ml Pflanzenmilch

**So wird es gemacht:**

1. Aubergine in Scheiben schneiden. Paprika in Scheiben schneiden. Kirschtomaten halbieren. Alles salzen.
2. Backblech mit Backpapier auslegen und Gemüse darauf verteilen. 20 Minuten bei 180°Cim Ofen backen.
3. Während das Gemüse im Ofen bäckt, Kichererbsen mit Pflanzenmilch in einen Mixer geben und fein pürieren.
4. Gemüse mit Hummus warm oder kalt servieren.

## Champignon-Rucola-Pfanne

**Dauer: 25 Minuten**
**Portionen: Für vier Personen**

**Zutaten:**

- 200 g Champignons
- 200 g Kirschtomaten
- 100 g Rucola
- 150 g Frischkäse, vegan
- Salz und Pfeffer

**So wird es gemacht:**

1. Champignons putzen und vierteln.
2. Tomaten waschen und klein schneiden.
3. Rucola waschen.
4. Champignons in heißem Öl anbraten.
5. Tomaten und Frischkäse hinzugeben und fünf Minuten köcheln lassen.
6. Rucola unterheben und kurz mitgaren.
7. Mit Salz und Pfeffer abschmecken.

## Falafel

**Dauer: 25 Minuten**
**Portionen: Für vier Personen**

**Zutaten:**

- 500 g Kichererbsen, vorgekocht
- 200 g Mandelmehl
- 2 Schalotten
- 2 Knoblauchzehen
- ¼ Bund Petersilie
- 1 TL Kurkuma
- 1 TL Kreuzkümmel
- Salz und Pfeffer

**So wird es gemacht:**

1. Schalotten und Knoblauch schälen und würfeln.
2. Mit den Kichererbsen vermengen und alles fein pürieren.
3. Mehl unterheben und verrühren, bis ein Teig entsteht.
4. Mit Petersilie, Kurkuma, Kreuzkümmel, Salz und Pfeffer abschmecken.
5. Mit feuchten Händen kleine Bällchen formen und in heißem Öl für fünf Minuten frittieren.

## Apfel Trifle

**Dauer: 15 Minuten**
**Portionen: Für vier Personen**

**Zutaten:**

- Für die Apfelschicht:
- 2 Äpfel, entkernt, gewürfelt
- Zimt
- ½ Zitrone, Saft
- Für die Apfel-Mandel Creme:
- 2 Äpfel
- 2 EL Mandelmus
- Zitronensaft
- ½ Tasse Mandelmilch
- Für die Karamellschicht:
- ½ Tasse Datteln, entkernt
- 2 EL Kokosmus
- ¼ Tasse Haselnüsse
- 1 Prise Salz
- Nüsse, gehackt

**So wird es gemacht:**

1. Die gewürfelten Äpfel sofort mit dem Zimt und dem Zitronensaft mischen und zur Seite stellen.
2. Alle Zutaten für die Creme im Mixer fein pürieren und in eine Schüssel geben.
3. Nun alle Zutaten für die Karamellsauce mixen und 4 Dessertgläser bereit stellen.
4. Erst eine Schicht Äpfel mit 1 Löffel Karamellsauce bedecken und darauf etwas von der Apfel-Mandel-Creme geben. Fortfahren bis alles verbraucht ist und kühl stellen.
5. Mit gehackten Nüssen bestreut servieren.

## Dattel-Truffes mit Mandeln

**Dauer: 30 Minuten**
**Portionen: Für zwei Personen**

**Zutaten:**

- 180 g Datteln, entkernt
- 100 g Mandeln, gerieben
- 2 EL unraffiniertes Kokosnussfett
- 1 EL Rosenblütenwasser
- ½ TL Zimtpulver
- Geriebene Nüsse

**So wird es gemacht:**

1. Datteln über Nacht in etwas Wasser einweichen.
2. Datteln grob schneiden, mit übrigen Zutaten im Mixer zu einer homogenen Masse verarbeiten.
3. Die Dattelmasse zu kleinen Kugeln formen und in den Nüssen wenden.

## Bananenbrot

**Zutaten:**

- 4 ½ Handvoll Mehl
- 1 TL  Backpulver
- Prise  gemahlener Zimt und Muskatnuss
- 2 Handvoll Zucker
- • 2   Eier
- 1 Handvoll ungesüßter Apfelmus
- 4  reife Bananen
- 1 EL  Vanillezucker
- 2 Handvoll Rosinen
- 2 Handvoll Walnüsse, gehackt

**Zubereitung:**

1. Den Backofen auf 190°C vorheizen. Eine Backform einfetten.
2. Das Mehl mit dem Backpulver, dem Zimt, der Muskatnuss und dem Zucker in eine Schüssel geben und verrühren.
3. Eier, Apfelmus, Bananen und Vanillezucker hinzufügen. Als letztes Rosinen und Nüsse unter den Teig geben.
4. Alles zu einem glatten Teig verarbeiten und in die Backform geben.
5. Die Backform für 50-60 Minuten in den Backofen schieben.

# Impressum

Christina Haas

Völkstraße 10
86150 Augsburg

32628946R00066

Printed in Poland
by Amazon Fulfillment
Poland Sp. z o.o., Wrocław